太阳

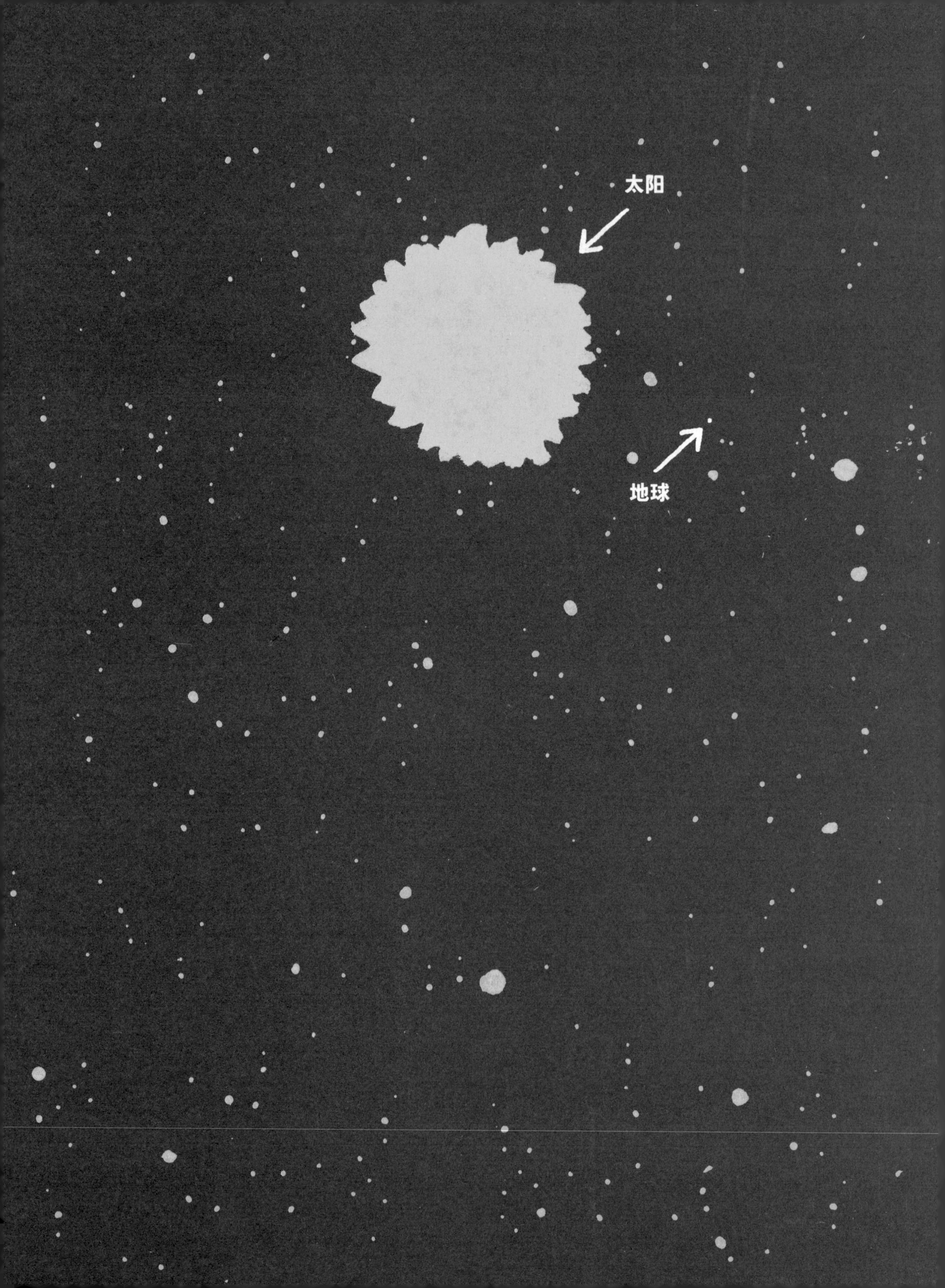
太阳
地球

追风逐日

[葡] 伊莎贝尔·米尼奥丝·马丁斯 / 著　　[葡] 贝尔纳多·P. 卡瓦略 / 绘　　戚静如 / 译

深圳出版社

多么神奇的阳光，多么美妙的空气（地球上的两大奇迹）

就在几天前，一颗流星划过天空。它以每小时10万千米的速度划过，但在几秒钟后就解体了，没有造成任何破坏。它可能是火星和木星之间的小行星带中的一块碎片。大气层已经很"熟悉"这些碎片了，每天有约100吨来自太空的尘埃等物质进入地球大气层，之后有一部分会气化消失，就像刚才提到的那颗流星一样。

当流星划过的时候，我们很多人都在睡觉呢，它不会造成任何恐慌。

但这也说明，我们一直没意识到自己有多么幸运。一颗在宇宙中位置适中、光热合适的星球，它产生的能量能让所有生命（藻类、鱼、哺乳动物、树木、花、昆虫等）自由生长。此外，我们还拥有环绕着这颗星球的大气层，它神奇得令人不可思议。它是我们的防护罩、过滤器、头盔、帽子、恒温器（可能还有很多其他没被我们发现的作用）。正因为有这么神奇的大气层，地球上的一切才能保持平衡。但是，随着人类的破坏行为越来越多，地球的生态正在失去平衡。我们不需要经常赞叹地球的神奇，但如果我们一点儿也不在意地球的默默付出，就有点儿过分了。

这本书是对我们这颗伟大星球的致敬，也是对太阳、大气层的致敬。这本书里有科学知识，有趣味小活动，有感受呼吸的游戏，还有许多其他轻松好玩的内容。我们会回答很多科学界已经找到答案的问题，比如什么是风、太阳有多大；还会为你讲述关于蜜蜂、鸟类、飞翔的种子的故事。当然，我们还会聊聊与人有关的话题：从窗台射进来的阳光是如何照到我们的，空气如何进入我们的肺里，被风吹飞的帽子，被太阳晒伤，还有那些像太阳一般照亮我们生命的人。

这是一本给所有人的书，不分年龄大小。有的人会在某些页面上停留得更久，有的人可能会被另一些页面吸引，这完全没有关系，或者说这就是本书的设计初衷。

阳光还在等着我们呢，快点出发吧！

现在让我们抓紧时间，追风逐日吧！

感谢我们的审订专家

索尼娅·安东

索尼娅·安东是天体物理学家、葡萄牙科英布拉大学物理学研究中心研究员。她参与过多个关于星系形成和演化的国际级和国家级研究项目，其中包括关于高质量黑洞的研究项目。她参与了欧洲航天局主持的盖亚空间探测器发射项目和世界最大射电望远镜——平方公里阵列射电望远镜（SKA）项目。目前，平方公里阵列射电望远镜还在建造阶段，它的天线数量超过130万个。通过这些天线，人类可以探测在宇宙只有几亿岁时，宇宙中形成的最初的恒星和星系。索尼娅还同许多其他国家的大学和科研机构合作过，例如英国的乔卓尔·班克天文台、巴西的国家空间研究所，以及西班牙的安达卢西亚天体物理研究所。索尼娅认为，科学知识应普及至每一个人，这一点至关重要。因此她经常参加由葡萄牙政府为公众创立的"科学万岁项目"。

里卡多·特里戈

里卡多·特里戈是葡萄牙里斯本大学科学学院的副教授、多姆·路易斯研究所气候研究实验室总协调人。2018年至2021年，里卡多曾任多姆·路易斯研究所所长。他的主要研究领域是极端事件发生的特征和极端天气建模，比如高温、干旱、森林火灾、大型暴风雨、大气河流、洪水和山体滑坡。他多次参与由葡萄牙公共机构和私营机构赞助的研究项目，还参与了12个由欧盟资助的项目，其中绝大多数与极端气候及其影响有关。2008年，他荣获由英国皇家气象学会旗下《国际气候学杂志》颁发的奖项。2017年，他因在地球科学领域的卓越成就，荣获由葡萄牙储蓄总行赞助的里斯本大学奖。

里卡多·多美

里卡多·多美是生物学、鸟类学和生态学专家。他在芬兰图尔库大学获得博士学位，其间曾发表论文《猫头鹰如何受到栖息地质量的影响》。他曾任葡萄牙鸟类研究学会主席，该学会是国际鸟盟在葡萄牙的合作伙伴。目前，他就职于一家全球环境咨询机构，致力于研究可再生能源对生物多样性的影响及尽量减少此类影响的相关战略措施。在此背景下，他参与设计风电场雷达监控方案并创建敏感度图，这有助于在建设基础设施时最大限度地避免破坏当地的生态环境。此外，他还定期同自然和森林保护研究机构、研究和监测鸟类的组织及"公民科学项目"合作。

费尔南多·卡塔里诺

费尔南多·卡塔里诺是葡萄牙最著名的植物学家之一。他曾是里斯本大学科学学院的教授，并曾管理里斯本植物园20多年。在此期间，他同其他国家的植物园管理者建立了广泛联系，扩大了里斯本植物园标本馆的收藏并推动创建了种子库。他在葡萄牙生物多样性保护工作领域取得了突破性的成果，推动成立了葡萄牙生态学会并参与了欧盟Natura 2000自然保护区网络的建设，还一直致力于向公众展示植物园的重要性。他认为，植物园的重要性不仅体现在保护生物多样性方面，还应体现在推动科学发展和普及科学知识方面。2006年，为向他在植物学领域所做的卓越工作致敬，一种新的苔藓以他的名字命名——卡塔里诺变齿藓（*Zygodon catarinoi*）。

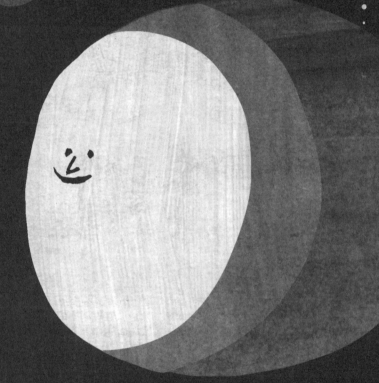

太阳你最大

太阳是太阳系中最大的天体，

它大到可以装下超过100万个地球。

它的引力也非常强大，可以吸引大大小小的行星、小行星和彗星，

防止它们四处走动，跑到外面（太阳系外）去旅行。

太阳是太阳系的中心，它对我们的生活至关重要。

如果没有太阳的光和热，我们就不可能坐在这里聊天。

树木将不复存在，潮汐也会有所不同，

空气中不再有芬芳的花香，

昆虫也不会嗡嗡作响，不会有风，不再有昼夜交替，

也不会有微藻、蘑菇、草莓、小燕子，

更不会有融化的冰激凌和你身上代表勇敢的日晒痕迹。

太阳最大，

但是到底有多大？

太阳中心到表面的距离（太阳的半径）约为69.6万千米。

太空中有很多比太阳小得多的恒星，也有大小是太阳好

几百（甚至几千）倍的恒星，这些巨大的恒星被称为巨

星和超巨星。与这些恒星相比，太阳只是一颗中等大小

的恒星。

然而，对我们来说，它是最大的。（因为它是离我们最

近的恒星，我相信所有人都知道这一点了……）

一片美丽的太阳切片：

哪里可以买到？

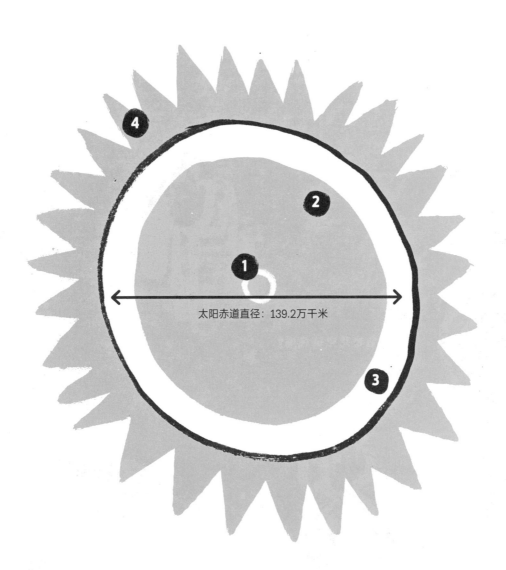

太阳赤道直径：139.2万千米

如果把太阳比作一个水果，那么：

1. 它的中心就是它的"果核"（它叫**太阳核心**）。

2. 在它的表面，有一圈**光球**层（意思是"发光的球体"）。

3. 它的周围被**色球**层环绕着。

4. 在太阳大气的外部，还有一顶"王冠"——
日冕层（毫无疑问，太阳就像国王一样）。

关于太阳，我们有太多的疑问

人们对太阳的好奇由来已久

在远古时代，也就是在望远镜出现之前的很多个世纪里，人们已经问过上面这些（或其

他）问题了。古巴比伦人、古希腊人，甚至南美洲的原住民们，早就建造了天文台，供

当时的天文学家来观察天体的运动。

你还能想出其他关于太阳的奇妙问题吗?

在这里,沿着太阳的每一条光线写下你的问题吧。

我们
为太阳
而生

啊，我们当然是为太阳而生的。

快来，这儿还有给你留的位置呢！

这是我生命中的太阳

在这里画下你生命中的太阳吧！

这里的"太阳"指的是一个对你来说散发着独特光芒的人。当然，也可以是很多个人。

太阳是如何诞生的？

太阳诞生于近50亿年前。下面是关于它诞生的故事，非常不可思议！

星云中存在大量的气体和尘埃，从地球上看，它们就像是一团团"雷雨云"。这些"雷雨云"内部——做好准备，因为接下来的事情非常不可思议——是恒星诞生的"产房"！

当一个充满气体和尘埃的星云坍缩时它会逐渐变热，内部（核心）温度不断升高，直到使氢气（宇宙中最常见的气体）开始"燃烧"（核聚变）。

氢气"燃烧"时会释放出大量的能量。当恒星开始辐射这些能量，或者简单点儿说，当恒星开始发光时，我们就可以说一颗恒星诞生了！

太阳是一颗巨大的气体星球。在过去50亿年中的每一天、每一小时，它都在不间断地把一些化学元素转化成另一些化学元素。当它转化时，会放射出大量的光芒，其中一部分光芒会洒向地球上的我们。（如果你读这一段文字时没有发出"哇"的声音，甚至脑子里都没这么想，那你一定是分心了，得再读一遍哦。）

闭上眼睛，试着想象一下太阳诞生的过程。你的脑海里会出现怎样的画面呢？

我们距离太阳有多远?

（答案是1AU）

太阳和地球之间的平均距离是149 597 870千米（也就是一亿四千九百五十九万七千八百七十千米）。科学家把这个距离作为测量太阳系中天体之间距离的长度单位，并把它叫作"天文单位"（AU）。

1天文单位?

哇!

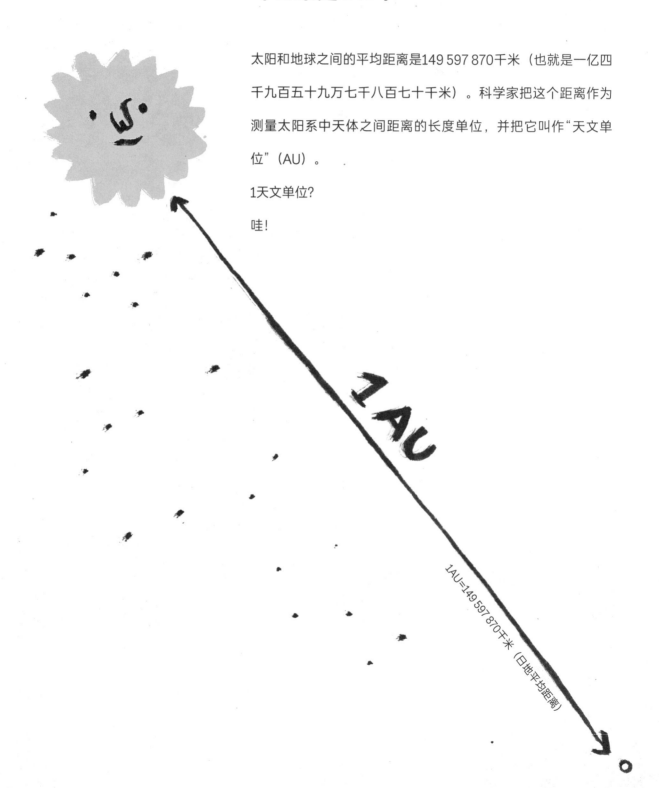

1AU

1AU=149 597 870千米（日地平均距离）

太阳由什么组成？

答案似乎很简单：太阳是一个由气体——主要是氢气和氦气——组成的巨大球体。这一答案是19世纪的天文学家发现的。他们用配有分光镜的望远镜对太阳进行观测，分光镜可以把光线非常细致地分成不同的颜色（就像彩虹那样），细致到可以发现太阳的组成部分。

在对太阳的前几次观测中，天文学家发现了一些地球上已知的元素，如碳、氢和氧。但随后，他们发现了一种全新的元素：氦。

"我的名字是氦。"

之前，没有人知道太阳中有氦。

人们压根儿不知道氦，因为他们从未在地球上发现过这种化学元素。所以，人们怎么会知道，在太阳这么遥远又炙热的地方，会有一种地球上从没发现过的东西呢？

19世纪，两位研究太阳的天文学家*通过分光镜（我们前面已经提过）在阳光中发现了完全出人意料的东西：一条明亮的光线！这跟他们在实验室里研究的那些元素完全不同，而且在地球上已知的化学元素中也找不到与其对应的。

其中一位天文学家决定将其命名为氦（Helium），以纪念希腊神话中的太阳神赫利俄斯。因此，氦成为第一个（直到现在也是唯一的）不是首先在地球上发现的化学元素。

---

* 这两位天文学家分别是皮埃尔·让桑和诺曼·洛基尔，他们各自独立地研究太阳（也就是说，他们没有在一起工作）。但是很神奇的是，他们得出了同样的结论！

太阳不是固体，
不是液体，也不是气体

那么，太阳到底是什么呢？

我们不是刚说太阳是一个由气体组成的巨大球体吗？

是的，这句话部分正确。但如果你之前不知道的话，现在就得了解一下，物质并不是只有三种

形态（固态、液态和气态）。在某些非常特殊的情况下，物质可以有第四种形态：等离子体。

当液体被加热时，它会变成气体。

当气体变得非常、非常（多加几个"非常"！）热时，它就会变成等离子体。

这就是发生在太阳身上的事情。

画出太阳照在下面
每个物体上的样子

阳光照向一个巨大的冰激凌碗
（赶紧，冰激凌快化了！）

阳光照在铁线蕨细细小小的叶子上

阳光照在山药的大叶子上

阳光从山顶滑落

阳光正在让覆盖大地的冰融化

阳光照在一只瑟瑟发抖的小鸟的翅膀上

阳光问候被遗忘在案板上的黄油

阳光抚摸海上的藻类

阳光让严肃的人大笑起来

溪流上闪耀着阳光的斑点

27

为什么太阳会燃烧？

太阳中心有一个奇妙的"厨房"，在那里，氢"燃烧"后融合成另一种物质——氦（关于氦，前面我们已经聊过了）。这种转变是通过叫作"核聚变"的过程发生的。核聚变会释放出大量的能量，这就是为什么在这个"厨房"里，温度会高达1500万摄氏度。

太阳会消失吗？
（救命呀！）

科学家预测，有一天，大概是50亿年之后，

太阳中的氢会全部消耗完，结局是：就像燃

气灶没了燃气，太阳会自动熄灭。

因此，现在让我们好好享受阳光吧！

（别慌张，冷静点儿！现在还早得很呢！）

需要多长时间呢?

提问:

阳光抵达地球需要多长时间?

回答:

约8分20秒。光每秒钟可以旅行大约30万千米（这就是"光速"）。

提问:

太阳能量从太阳内部传递到表面需要多长时间?

回答:

我们不知道具体数字，但肯定需要几千甚至几万年，反正就是要很长时间!
太阳就像一个巨型工厂，这个工厂非常非常大，因此它内部的能量需要花费很长时间才能传递到表面。

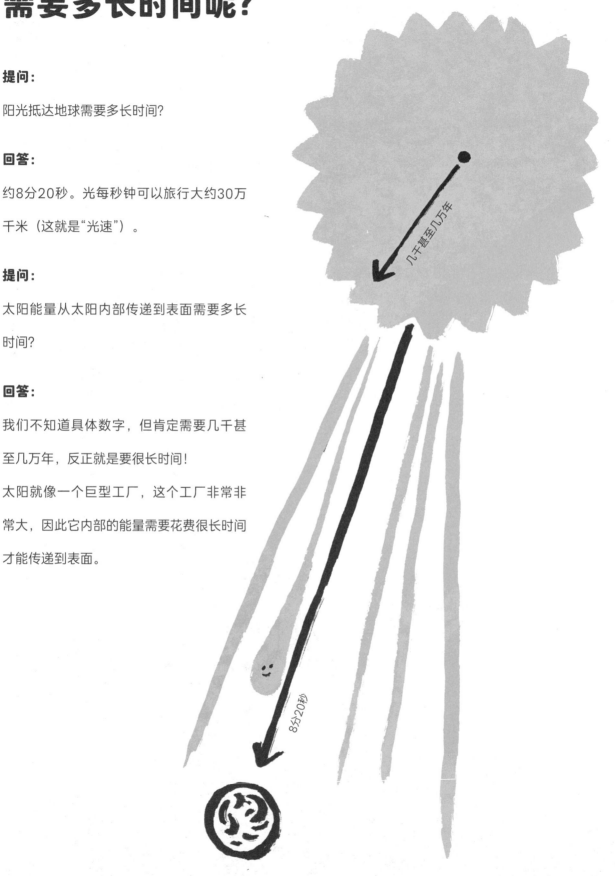

几千甚至几万年

8分20秒

地球上几乎所有能量都来自这里

来自太阳。

当能量从太阳内部抵达表面时，它会被辐射到太空中去。我们很幸运，因为其中一部分能量以光和热的形式来到了地球。

在地球上，太阳能量被吸收、转化，让一些东西变成了另一些东西，也就是说，太阳能量转化为其他形式的能量，并改变了它接触到的东西。比如：太阳能量将空气加热后就形成了风；太阳能量使海洋变暖，驱动海水运动；太阳能量还可以使植物生长，并将植物转化成食物（和我们的能量）。

地球上几乎所有能量的源头都是太阳。

太阳也会翻跟头

阳光洒到苹果树的叶子上,
叶子为苹果提供营养,
你把苹果吃到嘴巴里。

苹果的营养再从你的嘴巴进入你的血液、肌肉和肌腱中。
强壮的肌肉帮助你翻跟头。

太阳尝起来是什么味道呢？

你肯定没尝过吧？

如果没尝过的话，

下次当你品尝成熟的桃子时，

请你记住：

太阳的味道，就藏在桃子里。

所有人都沐浴在同一片阳光下

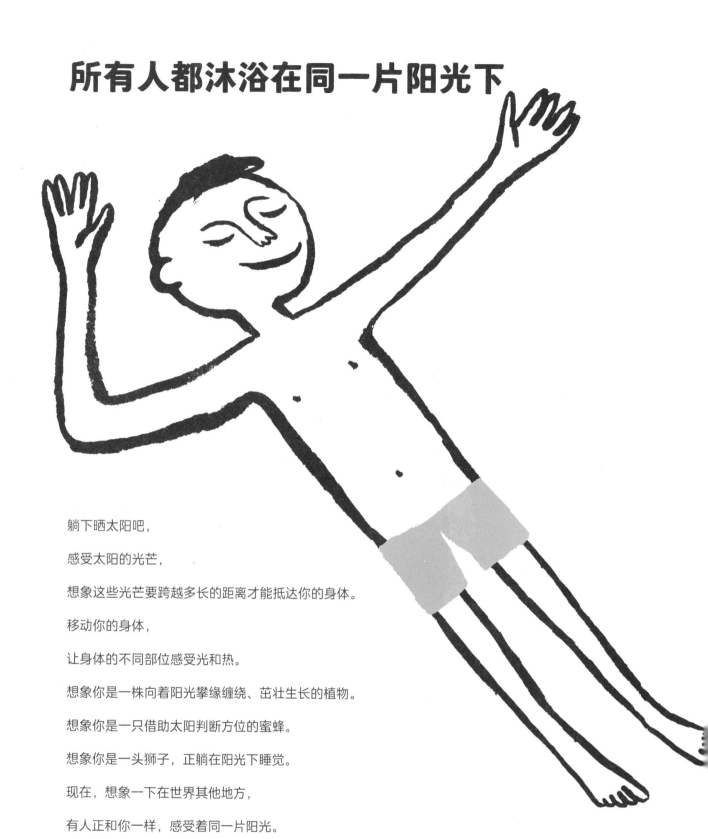

躺下晒太阳吧，

感受太阳的光芒，

想象这些光芒要跨越多长的距离才能抵达你的身体。

移动你的身体，

让身体的不同部位感受光和热。

想象你是一株向着阳光攀缘缠绕、茁壮生长的植物。

想象你是一只借助太阳判断方位的蜜蜂。

想象你是一头狮子，正躺在阳光下睡觉。

现在，想象一下在世界其他地方，

有人正和你一样，感受着同一片阳光。

我，你，我们，所有人都沐浴在同一片阳光下。

像太阳一样旋转起舞

你知道吗？可不是只有地球才会自转哦。

（如果不知道也别担心，我们也是通过学习才知道的。）

太阳也会自转，但太阳和地球是两位用不同方式跳舞的舞蹈家。地球是一颗边界分明的岩石行星，无论是在两极还是在赤道（除了极点以外），地球都以相同的角速度自转（我们都学过，地球自转一周需要约24小时）。然而，太阳的自转方式很不规律，因为它的各部分会以不同的速度旋转：两极地区自转一周需要约35天，而赤道地区只需约25天。这是因为太阳充满了气体，无法像固体那样旋转。

你能想象出太阳自转时的画面吗？

为了向太阳致敬，让我们跳个舞吧！慢慢地摆动你的"两极"，再快一点儿晃动你的"赤道"，就像这样"自转"起来。

太阳是为所有人而生的

（当然，其中也包括你）

你见过日出吗？

如果从来没有的话，那么现在是时候了。

下面是当我们看见日出时，最常见的一些想法：

为你和太阳定一个闹钟吧：

3月21日　　06：17日出

6月21日　　04：46日出

9月21日　　06：01日出

12月21日　07：32日出

这是北京市大致的日出时间，如果你住得更靠北或更靠南，日出

时间会有差异。

哇！

多么壮丽的景色！像烈火一样！

今天起得好早啊！

• • • • •
（也有一些人会被美丽的日出震撼得一句话也说不出。）

当太阳升起之时，

魔法悄然发生。

啊，真的是这样呢！

画出太阳的光线

阳光就像箭一样射进打开的窗户。

↑
阳光在半遮半掩的百叶窗的
缝隙间穿梭。

阳光穿过几乎透明的窗帘。
↓

↑
阳光透过屋顶瓦片的缝隙

照进房间（像猫一样）。

"医生给你开了什么处方？"

"连续晒七天太阳。"

"我感觉好多了，谢谢！"

为什么呢?

给你介绍几个关于太阳的熟语:

打谷场出太阳，萝卜地下雨。

这是一句葡萄牙谚语。打谷场是谷物晒干和脱粒的地方，萝卜地是种萝卜的地方。理想的情况是在打谷场出太阳的同时，萝卜地还能迎来雨水（这样既能收获晒干的谷物，萝卜地里又有充足的降水可以结出好吃的萝卜）。但是，这种情况很难发生。因此，当有人说"你不能既要打谷场出太阳，又要萝卜地下雨"时，意思就是：相互矛盾的情况一般不可能同时出现（这与中国民间谚语"既要马儿跑，又要马儿不吃草"有异曲同工之妙）。当然，肯定也有例外啦!

竹筛子挡太阳——遮不住

这句歇后语的意思是，这样做是徒劳的，无济于事。竹筛子是一种网状用具（可以用来筛选谷粒、蔬菜或面粉），因此，想要用满是孔眼的筛子去遮挡阳光压根儿没用，阳光还是会穿过去。当我们想要隐瞒无法隐瞒的事情、避开无可避免的事情时，可以用这句歇后语提醒自己。

日以继夜/夜以继日

这两个成语的意思相同，都是说工作很辛苦，白天干活，晚上接着干，日夜不停。

阳光下的小革命

如果你是一位19世纪的女孩儿或成熟女性，那么你很可能会打扮成这样去海滩：

19世纪的女性去海边时，会穿羊毛或法兰绒的长款连衣裙，搭配配套的裤子。这些毛织的衣服被打湿后特别重，因此，女性没法儿穿着它们游泳。但在那个年代，女性之所以穿这些所谓的泳装，是因为它们可以遮挡全身，即便下水打湿后也不会变得透明。

如果你是一个小朋友，也许还幸运点儿，可以穿着这样的短袖衣服去海滩：

1907年，一位名叫安妮特·凯勒曼的游泳运动员勇敢地说了一句"够了"！她在参加花样游泳比赛时想到，最适合游泳的衣服应该是由轻便材料制成的连体衣，它能紧贴着身体。当然，刚开始她的泳衣还引发过丑闻（安妮特甚至因为穿着这样的泳衣游泳而被逮捕）。但女人们实在是厌倦了每次去海边晒太阳都得穿着沉重的羊毛裙子，于是，没过多久，这种简便的新风尚在女性中流行起来。

20世纪40年代中期，比基尼出现了，再次掀起了一场阳光下的小革命。

太阳和影子

在这里的空白处放一些东西,

再把这本书放到阳光下面,

画出它们的影子。

你可以在一天中的不同时间段重复这个实验，并用不同的颜色绘制影子。如果你愿意，也可以在这两页上画下你手掌的影子。

你最喜欢哪款太阳镜？

第一个戴太阳镜的人很可能是住在北极附近的因纽特人。他们戴太阳镜不是为了时尚，而是为了保护眼睛，因为他们居住在冰天雪地的环境中，而冰可以反射绝大部分的阳光。因纽特人戴的太阳镜是由骨头或海象牙做成的，中间有一道可以让光线通过的小细缝。

款式各异的太阳镜：

电影明星范儿
的太阳镜

医疗眼镜（19世纪）

飞行员太阳镜

威尼斯贡多
拉船夫戴的
太阳镜（18
世纪末）

蝴蝶太阳镜

矩阵太阳镜

非常时尚的
女式太阳镜

猫眼太阳镜

这一页被晒伤啦！

一天中既可以沐浴阳光，

又不会被晒伤的时间段是：

从日出到上午10点之间，以及下午4点以后。

像树蛙一样给自己涂防晒霜吧！

为防止晒伤，蜡白猴树蛙（学名：*Phyllomedusa sauvagii*）的脖子周围会分泌一种物质，

然后它再用脚将这种物质涂满身体。

太神奇了，真想亲眼看看蜡白猴树蛙给自己涂抹"防晒霜"的模样！

它可不会错过身体的任何一个部位哟！

蜡白猴树蛙生活在南美洲的干热地区，

如果你想了解更多关于它的信息，可以在网上搜索它的中文名或者学名。

（你会发现，它抹"防晒霜"的方式与我们惊人地相似！）

地球上日照时间最长的地方

位于美国亚利桑那州的尤马是地球上日照时间最长的城市之一，那里每年的日照时间约为4000小时。在埃及和苏丹，也有一些城市的年日照时间同尤马很接近。在中国，日照时间最长的地方是拉萨，那里每年的日照时间超过3000小时，因此它也被称为"日光城"。

如果太阳不来找我们，那我们就去找太阳吧！

挪威的尤坎镇是世界上一年中日照时间最少的城市之一，它位于两座大山间的一个狭窄山谷中，那里的居民一年中连续好几个月都无法体会阳光照到鼻尖的感觉！但最近，这种情况发生了变化（也就是说，阳光照进来啦！）。人们在尤坎镇周围的山上安装了很多镜面设备，它们可以移动捕捉阳光，并将阳光直接反射到尤坎镇的中央广场上。

由于人们的聪明才智，尤坎镇的居民享受到了充足的阳光！

什么是干旱？这就是干旱！

干旱不仅意味着干燥，它还是一个严肃的问题。在降雨量比正常情况少的地区，干旱可能会造成严重后果：

野生动植物面临生存困境（比如青蛙失去了赖以生存的池塘）

栖息地遭受破坏（比如池塘干涸）

花园和农田缺少用来浇灌的水

用来发电的水库因缺水而干涸（这会导致供电不足、停电）

气候变化的后果之一是，我们会面临更长时间的干旱天气。我们必须立刻行动起来，做所有我们能做的事情，避免气候变化导致的严重后果！（请不要再说"这只不过是干旱罢了！"）

"今天，我感觉在跟着太阳'走'！"

植物虽然没有可以走路的双腿，但能通过伸展、弯曲和折叠的方式活动。这些活动都是为了寻找更好的生存条件，通常情况下，是为了更好地吸收阳光。植物生长受阳光方向影响的现象叫作"向光性"。

当然，大多数植物的动作非常缓慢，人们很难观察到它们的一举一动。但是，如果我们对着它们录一段视频，然后将视频文件快进，就能发现它们到底有多么活泼好动。

当植物还在地下时，它会发芽，并开始朝着光明赛跑。当它们到了土壤外面以后，对太阳的渴望依然不会停止。它们的茎叶会朝着阳光的方向弯曲、伸展。植物这样做是因为它们拥有可以捕捉并回应光的细胞，而光正是植物进行光合作用、制造养分的核心要素。

你可以去观察在窗边生长的植物，看看它们的叶子是如何向玻璃窗倾斜以更好地吸收阳光的。如果你转动花盆，过了一段时间后你会发现，叶子倾斜的角度改变了，这是因为植物拉长了一些茎叶中的细胞，而这些茎叶离阳光较远。

你也可以把一些种子（比如番茄、黄瓜、玉米或向日葵的种子）撒到土里，然后在窗边观察种子发芽和幼苗生长的过程。

你觉得这项活动有趣吗？

如果你喜欢的话，可以拍照、测量并试着得出结论。（当然，你还可以提出一些新问题，这也是科学实验的一部分！）

如果你还想看看关于植物活动的视频，可以在网上找找，有许多不可思议的画面哦！

卡尔·林奈的花钟
（它不能完美运转，但是很漂亮）

你可能已经听说过卡尔·林奈（1707—1778）了吧？他是一名瑞典的植物学家，我们至今仍在使用他建立并推广的生物分类系统。

就像每一位热爱钻研的植物学家一样，林奈每天都会花好几个小时观察植物。他在观察中发现：花朵会在一天中特定的时间内开放和闭合；花朵的种类不同，其开放和闭合的时间也会不同。林奈觉得也许可以创造一个"时钟花园"，通过将这些植物按照它们在一天中开花的顺序排列，人们可以建立一种植物时钟，林奈把它命名为"花钟"。

尽管这一想法十分美妙，但是由于植物的生长地（还有许多其他因素）会影响花朵开合的时间，花钟很难完美运行。

林奈很可能从没有制造过这样的花钟，但一些园丁和植物学家曾试图根据林奈列出的花朵和总结出的花朵开合规律来制造花钟。

现在是三点半.

"早上好，我们已经开花啦！"

花朵们可能并不是非常准时，但有很多花一大早就会开放，仿佛在向我们说"早上好"。

下面是一些我们在乡间和花园中经常见到的喜欢"早起"的花朵。

琉璃繁缕
（ *Anagallis arvensis* ）
3—4月开花，在乡村野地随处可见。一般在一大早开花，但不是清晨。

钝叶车轴草
（ *Trifolium dubium* ）
在路边和草地上很常见，尤其是在有水的地方。4—6月开花。

苦苣菜
（ *Sonchus oleraceus* ）
又是一种喜欢早起开花的植物，但是一般在午饭时间会闭合。它们随处可见，尤其是在2—9月。

菊苣
（ *Cichorium intybus* ）
它们极其常见，开花时间是5—10月。这种花起得特别早！

太阳：指南针、钟表和日历

你一定知道，有些鸟是会迁徙的。也就是说，它们会从一个地方搬到另一个地方，以便更轻松地获取食物，或者为养育后代提供更好的条件等。

但是，一只鸟是怎么知道出发的时间到了的呢？

它也有手表吗？也会看日历吗？

难道是更年长的鸟儿通知它，出发的这一天已经到来？

科学家发现，有些鸟类迁徙的奥秘可以用几个因素的共同变化来解释：时间、温度、食物和鸟自己的身体（即使是被关在笼子里的鸟，在迁徙日到来前也会表现得比平常更兴奋）。所有这些变化就像起跑的鸣枪声在空中响起，提醒着鸟儿们，迁徙的时刻已经到来。

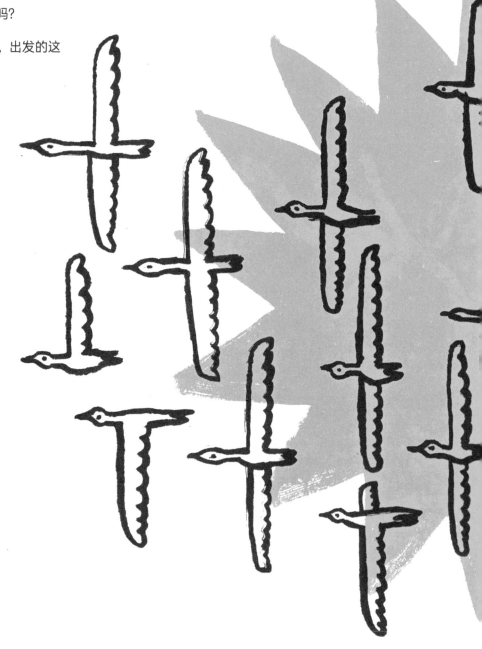

但是，之后又怎么办呢？
鸟儿为什么不会迷路？

候鸟有几种指路工具。在这些工具的共同作用下，鸟儿们才知道该朝哪里飞、什么时候停下来、如何纠正方向，等等。它们是这么做的：

1. 把太阳作为指南针（晚上的时候，也可以通过星星辨认方向）。

2. 感受地球的磁场（它们能通过所处位置的磁场定位）。

3. 关注日落时太阳的位置（也就是把太阳作为参照物）。

4. 关注白天飞行过程中观察到的标志性物体（群山、河流等），当它们再次经过这些地方时，就能想起来。

5. 有的鸟（比如鸽子）也会用嗅觉来判断方向。它们也许会想："我闻着应该是往这个方向飞。"

简而言之，它们的这些本领都是与生俱来的，但是，经验也很重要。例如，年长的鸟儿在风向发生变化后修正路线的成功率更高。因此，科学家认为鸟类也会在生活中不断学习，积累经验。

神奇的奥秘（看看你能不能解开）

有一只蜜蜂，一大早就离开了家，飞到了很远的地方，然后发现了一片美味的花田。于是，蜜蜂马上回到蜂巢告诉它的同伴们。它就像跳舞一般摆动着身体飞行，告诉同伴们路上需要的时间和花田的方向，以便采集花蜜。然后，同伴们毫不犹豫地朝着指定方向飞行，收集完花蜜后再返回蜂巢……这一切都没有导航系统和地图的指引，蜜蜂们在路上也不会左顾右盼，而是坚定地前行。它们是如何做到的呢？

↓ 请在这里写下你的答案：

_____

_____

_____

_____

现在，我们来告诉你科学家已经发现的奥秘：

蜜蜂主要通过太阳来辨认方向（就像一些鸟类一样，它们也会把太阳当成指南针）。但即使是在乌云笼罩的日子里，蜜蜂也知道太阳在哪里，不会迷路，这是因为它们具有特殊的视觉功能，可以看到大气中太阳的偏振光（我们只有使用特殊的眼镜才能看到）。

它们体内还有一个生物钟，这会提醒它们新的一天已经开启。

此外，它们为了和同伴交流而跳的舞蹈简直太神奇了！注意，这些舞姿是有意义的。蜜蜂会根据太阳的方位摆动身体，舞动的时间表示飞行所需时长，而舞动时身体相对于太阳的角度则是飞行的方向。

如果这些还不够神奇的话，那我们简直不知道什么才叫不可思议了！

黯然失色的太阳！

日食发生在一个特殊的时刻，它提醒我们此时地球在太阳系中的位置，也告诉我们地球家族中其他星球的存在。日食是一个很不寻常的天文现象，但今天，我们已经很清楚它发生的原因。

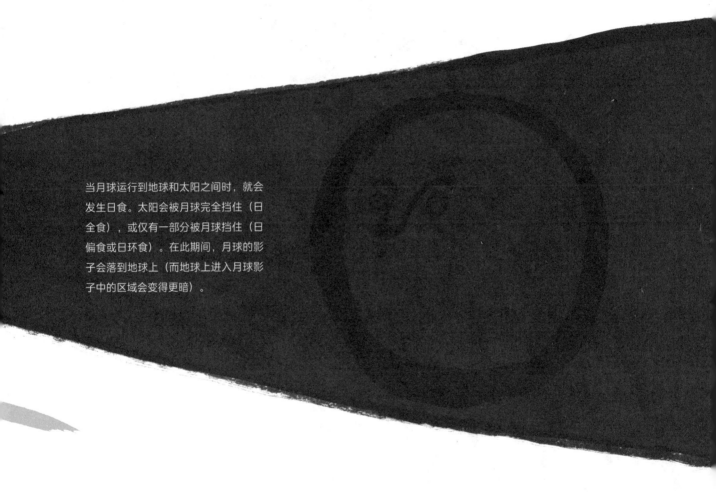

当月球运行到地球和太阳之间时，就会发生日食。太阳会被月球完全挡住（日全食），或仅有一部分被月球挡住（日偏食或日环食）。在此期间，月球的影子会落到地球上（而地球上进入月球影子中的区域会变得更暗）。

然而，人们在发现星球运动的秘密之前，觉得日食是一件很可怕的事情（尤其是导致白昼变成黑夜的日全食）。由于以前的人们不了解日食发生的原因，他们曾创造了很多故事来解释这种现象。

我们来给你讲讲这些有关日食的故事吧。

到底是狗，是狼，还是龙呢？

曾经，很多人相信发生日食的时候，

是太阳遭受了猛兽或恶魔的攻击，或者是被吃掉了。

在古代中国，人们认为是天狗吃掉了太阳；

在亚美尼亚，人们觉得是龙；

在南美洲，人们认为是一种巨翅鸟；

对于维京人来说，则是一头巨大的狼。

还有一些人会通过向天空投掷石块来保护太阳。

此外，人们还认为日食会结束是因为这些怪物吞下太阳这个庞然大物后，

无法忍受，就将太阳吐了出来。

在印度尼西亚的传说中，

太阳把怪物的舌头烧坏了，于是怪物立马将太阳吐了出来；

在北非，人们认为恶魔吃掉太阳以后得了胃病，

于是它吐出了太阳。

还有一些人认为出现日食是因为太阳生气、生病或者在打架。

许多欧洲人曾经认为，一些人作恶多端是发生日食的原因。太阳讨厌这样的行为，因此它转过身去。日食过后还会出现雾气、鬼魅、嚎叫的狗和猫头鹰，空气中还会滴落有毒的露水。直到19世纪，人们还会避免在发生日食的时候晾衣服，甚至在出门时还会捂住嘴巴和鼻子，因为他们认为这时空气中的湿气有毒。

阿拉斯加人也认为这种湿气很危险，因此他们会将锅和盘子倒扣着，防止湿气进入食物中。他们认为日食是一种病导致的，这种病会让太阳都不得不躺下来好好休息。

苏里南人认为太阳和月亮是兄弟，他们之间关系很好，但和所有兄弟一样，太阳和月亮也会时不时打架。当他们彼此争斗时，日食就会发生。为了把这两兄弟分开，人们还会用中空的工具等物体制造噪声，而日食结束就是兄弟中的一个被打晕了！

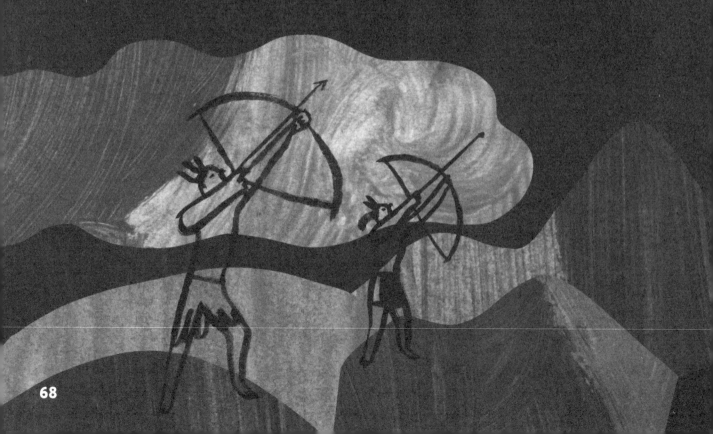

也有一些人用更浪漫的方式解读日食，
他们将日食看作太阳和月亮在一起的甜蜜时刻。

比如，一些加拿大人相信，当月亮妻子拜访她的太阳丈夫时就会发生日食。还有一些人认为日食发生在太阳父亲将他的儿子抱在怀里的那一刻！

在西非，人们也相信月亮和太阳是一对浪漫的情侣，但他们非常忙碌，彼此很少见面。当日食发生时，意味着他们关掉了灯，享受二人世界。

远日点

太阳在这里
（注意哦，太阳并不
在椭圆的正中心）

近日点

近日点日和远日点日
（让我们来庆祝吧！）

地球绕着太阳转，但它的运行轨道并不是正圆形

（当然，也不是正方形或三角形！），而是椭圆形。

这就是为什么每年都会有一天，一般是在7月初，

地球会运行到离太阳最远的一个点，这个点被称为"远日点"。

那时，我们距离太阳约1.52亿千米。经过这个点时，地球的移动速度最慢。

当然，还有与之相反的一天，

也就是当地球运行到椭圆轨道上距离太阳最近的点时。

这个点被称为"近日点"。

地球经过它时，通常在1月初。

那时，我们距离太阳约1.47亿千米。

在那一天，地球的移动速度最快。

注意：你可能认为当地球经过远日点时，地球就会迎来最冷的日子（因为那时，我们离太阳最远），反之会迎来最热的日子。但是，地球上的季节变化与地球到太阳的距离无关，而与地轴的倾斜度有关。

天空（塞乌），
把落日（普恩特）叫过来！

在葡萄牙，有很多名字都与天空、海洋、太阳和风相关，

比如下面这些，如果你喜欢这样的名字，可以用它们来起名：

欧若拉
（Aurora，极光）

塞乌（Céu，天空）

玛利亚德索（Maria do Sol，
来自太阳的玛利亚）

埃斯特雷拉（Estrela，星星）

玛利亚杜马尔（Maria do Mar，
来自海洋的玛利亚）

塞莱斯特
（Celeste，来自天上的）

斯普尔（Sopro，呼吸）

阿里希奥（Alísio，信风）

赫利俄斯（Hélio，太阳神）

孔斯特拉桑（Constelação，星座）

克雷普斯库洛（Crepúsculo，暮光）

伊克利普斯（Eclipse，日食）

普恩特（Poente，落日）

文塔尼亚（Ventania，狂风）

坦佩斯特（Tempestade，风暴）

奥西阿诺（Oceano，海洋）

当然啦，其中有些名字并不存在，只是我们自己起的罢了。

金发姑娘，我们与你同在

有一个故事简单来说是这样的：有一个女孩在森林里迷路了。突然，她看到了一栋房子。在房子里，女孩找到了一张桌子，桌子上放着三碗粥（大碗粥、中碗粥、小碗粥），客厅里放着三把椅子（大椅子、中椅子、小椅子），卧室里还有三张床（大床、中床、小床）。

这个小女孩的名字是——呃……我们忘了！就叫她金发姑娘吧！她尝了尝不同尺寸碗里的粥，又试了试不同尺寸的椅子和床，发现小的东西最适合自己，因为小碗粥最可口、小椅子最舒服、小床躺着最惬意。后来，房子的主人们回来了，它们是一家非常友好的熊……

天体生物学是一门研究宇宙中生命的学科。在天体生物学领域，宇宙中有一个区域被科学家命名为"宜居星体带"，同时也被称为"金发姑娘区域"——不，科学家这样称呼它并不疯狂！显然他们很有幽默感，也喜欢讲故事。"金发姑娘区域"位于恒星周围，恒星光的强度能让这个区域的行星保持一定的温度。在这个温度下，行星的表面可能存在液态水。

如果行星太靠近恒星，那么行星中的水会因为温度过高而沸腾；如果行星离恒星太远，水又会因为温度过低而结冰。此外，我们都知道，如果没有水，就不会有生命。因此，"金发姑娘区域"是指可能有生命存在的区域。

也就是说：

只有当行星与它的恒星保持适当的距离时，生命才有可能诞生。这个距离不能太远，也不能太近，要适中，就像来到三只熊家里的金发姑娘要找到适合自己的粥、椅子和床，就像我们宝贵的地球和太阳的距离刚刚好一样。

重大任务：给太阳拍照

我们还不知道人类到底能离太阳多近。尽管接近太阳十分困难，但科学家仍在尝试。

2020年2月，人类完成了一项太空发射任务*，这项任务是从4200万千米外给太阳拍照。你可能以为从这么远的地方给一个东西拍照是天方夜谭，但要知道宇宙中天体间的距离都非常非常远，因此，4200万千米已经是很近的距离了。我们从未有过如此接近太阳的任务！

这项任务叫作"太阳轨道飞行器"任务，这个飞行器带有一个实验室，配备了许多设备，可以帮助科学家搜集数据，以便回答我们十分感兴趣的问题。

下面这些问题都是大家很感兴趣的：

1. 太阳的两极地区是什么样子的？ （太阳轨道飞行器将"近距离"拍摄太阳的两极。）

2. 是什么让日冕（太阳大气层的外层）的温度高达上百万摄氏度？

3. 为什么会有太阳风？

4. 太阳风是如何影响地球的？

---

*这项任务是欧洲航天局和美国国家航空航天局合作完成的。

把它们挂在晾衣绳上

什么东西需要晒太阳、透透气呢?

靠垫、鞋子,还是你的创意? 把它们画下来吧!

太阳下山时会发生什么呢？

有时，天空会变成粉红色和橙色，非常漂亮。

可能还会吹起小风。

我们可能会想加一件毛衣。

我们会想"今天过得真充实呀"或者"今天真是毫无意义"。

许多花儿合上了花瓣（但是也有其他花儿绽放）。

有的父母回家了（还有一些父母得晚一点儿才能回家）。

街道上和房子里的灯都亮了。

没有分心的司机会立马打开汽车的大灯。

我们会听见一些夜行性鸟类鸣叫，比如纵纹腹小鸮和雕鸮。

有些远离父母的孩子会开始思念父母（甚至还可能想得肚子痛呢）。

大一点儿的孩子们开始挑选第二天要穿的衣服。

有些人会打开冰箱，然后问："今天晚饭我该做什么吃呢？"

我们会看到一颗行星在天空中闪耀（可能是金星）。

现在，太阳风来啦！

日冕中有很多粒子，这些粒子的能量非常高，甚至连太阳的重力都无法完全"拉"住它们。因此，一部分粒子跑到了太空中，形成了太阳风。

当太阳风抵达地球大气层时，地球上会出现北极光（在北半球）和南极光（在南半球）。

如果太阳风非常强烈，就会影响地球的通信设备，扰乱全球定位系统，损坏卫星系统并导致断电。这种现象不常见，但也发生过。

版权登记号 图字：19-2023-187 **号**

本书简体中文版权经Editora Planeta Tangerina授予心喜阅信息咨询（深圳）有限公司，
由深圳出版社独家出版发行。**版权所有，侵权必究。**

图书在版编目（CIP）数据

追风逐日 /（葡）伊莎贝尔·米尼奥丝·马丁斯著；
（葡）贝尔纳多·P.卡瓦略绘；戚静如译. -- 深圳：深
圳出版社，2023.10（2024.5 重印）
   ISBN 978-7-5507-3869-0

Ⅰ.①追… Ⅱ.①伊… ②贝… ③戚… Ⅲ.①太阳 -
普及读物②空气 - 普及读物 Ⅳ.① P182-49 ② P42-49

中国国家版本馆 CIP 数据核字 (2023) 第 119118 号

追风逐日
ZHUI FENG ZHU RI

[葡] 伊莎贝尔·米尼奥丝·马丁斯 / 著　　[葡] 贝尔纳多·P. 卡瓦略 / 绘　戚静如 / 译

出 品 人：聂雄前
策划执行：布悠岛（武汉）文化传媒有限公司
责任编辑：邬丛阳　吴一帆
责任技编：陈洁霞
责任校对：叶　果
装帧设计：卓丽莉
出版发行：深圳出版社
地　　址：深圳市彩田南路海天综合大厦（518033）
网　　址：www.htph.com.cn

印　　刷：佛山市高明领航彩色印刷有限公司
开　　本：889mm×1194mm　1/16
印　　张：11.5
字　　数：141 千
版　　次：2023年10月第1版　2024年5月第2次印刷
书　　号：ISBN 978-7-5507-3869-0
定　　价：108.00 元

出品 / 心喜阅信息咨询（深圳）有限公司　　　http://www.lovereadingbooks.com
咨询热线 / 0755-82705599　　　　　　　　　销售热线 / 027-87396822

追风逐日

[葡] 伊莎贝尔·米尼奥丝·马丁斯 / 著　　[葡] 贝尔纳多·P.卡瓦略 / 绘　　戚静如 / 译

深圳出版社

风传播一切，
让一切流动起来

在风的帮助下，世间许许多多的东西都在旅行！

种子、花粉、蜘蛛、蝴蝶、燕子、信天翁、成千上万的微生物、

冷空气和热空气、水分，它们有的上天，有的入地，

有的旅程很短（只有几米），有的旅程很长（横跨上千千米），

但它们全都在风的帮助下旅行！

如果没有风，地球的温度就不会刚好合适。

如果没有风，就很难下雨。

如果没有风，植物就无法传播花粉，候鸟也无法迁徙。

如果没有风，我们很可能就不会生活在这里。

让我们感受风吧：

风吹过你的头发，你感受到了吗？

好好感受一下吧。

风轻轻拂过你的头发、你手臂上的绒毛、你的睫毛和眉毛。

风从后面轻柔地拂过你的脖子。

脱掉鞋子，感受脚趾间的风吧。

夜晚降临时，感受一下冷空气，想象你是一只正在迁徙的帝王蝶。

(你知道吗？帝王蝶能够提前感知冷空气的到来，为避免在飞行途中

被冻死，它们会及时停止飞行。)

5

小朋友们，这就是蒲福风级

弗朗西斯·蒲福（1774—1857）年轻时经常乘船出海。

有一次，由于使用的地图不够准确，他乘坐的船遭遇了海难。

正是由于这次遭遇，蒲福此后将他的一生都献给了地图制图学，

以及其他帮助船员预测危险的事业。

用于测定风力强度的等级表是蒲福的一项伟大发明，

这种测定风力的方法以他的名字命名，叫作蒲福风级。

蒲福风级很简单，谁都能用。

你只需观察陆地或海面的情况，然后对照风力等级表，就能知道风力等级。

看看后面几页，你就会知道在不同的风力等级下，陆地和海面会发生什么。

陆地上发生的情况

0级：无风
炊烟直上。

1级：软风
炊烟倾斜，可以判断风的方向。

2级：轻风
树叶慢慢地随风摇动。

3级：微风
树叶摇动，旌旗招展。

4级：和风
尘沙飞扬，纸片飞舞，小树枝摇动。

5级：劲风
小树摇摆、倾斜。

6级：强风
举伞有困难。

7级：疾风
迎风步行有阻力。

8级：大风
小树枝被吹折，逆风前进越来越困难。

9级：烈风
小型建筑和一些树木被吹损，无法迎风步行。

10级：狂风
有树被风拔起，许多建筑受损。

12级：飓风
11级：暴风
11级是暴风；风级最大是12级*，也就是飓风。希望你不会遇到其中任何一种。

*1946年，风力等级由12级扩展至17级。

海面上发生的情况

0级：无风

海面就像一面镜子那样平静。

1级：软风

海面十分轻柔地波动。

2级：轻风

海面有轻微的波动，但是没有泡沫。

3级：微风

海面有羊毛状小波浪，伴着小浪花。

4级：和风

出现羊毛状波浪，波峰有白沫。

5级：劲风

海浪高达2.5米，
波峰有大量的泡沫。

6级：强风

出现高达4米的大浪，当海浪破裂时，水会溅到我们身上！

7级：疾风

海面波涛汹涌（海浪高达5.5米），形成大量浪花白沫。

8级：大风

海面出现狂浪（海浪高达7.5米），浪花破裂时发出巨大的声响。此时，船舶会停靠在岸边。

9级：烈风

海面出现惊涛骇浪（海浪高达10米），浪峰倒卷，海上能见度很低。

10级：狂风

海浪高达12.5米，在海面上翻滚咆哮。

飓风

关于飓风，还有一个特殊的衡量等级，叫萨菲尔-辛普森飓风等级。

写一篇关于
风的日记吧!

别忘记使用蒲福风级哦!

吹声口哨，
来呼唤风吧！

如果你想要微风，

就轻轻地吹口哨。

如果你想要大风，

就用尽全力去吹。

从前，在一些靠近大海的地方，

渔民们有一种迷信：人们的呼吸会影响外界，

因此不可以在船上吹口哨，以免"招风引浪"。

你看到过什么奇怪的
东西在天上飞吗？

把你看到的画在这儿吧：

如果你愿意的话，就大喊一声吧：

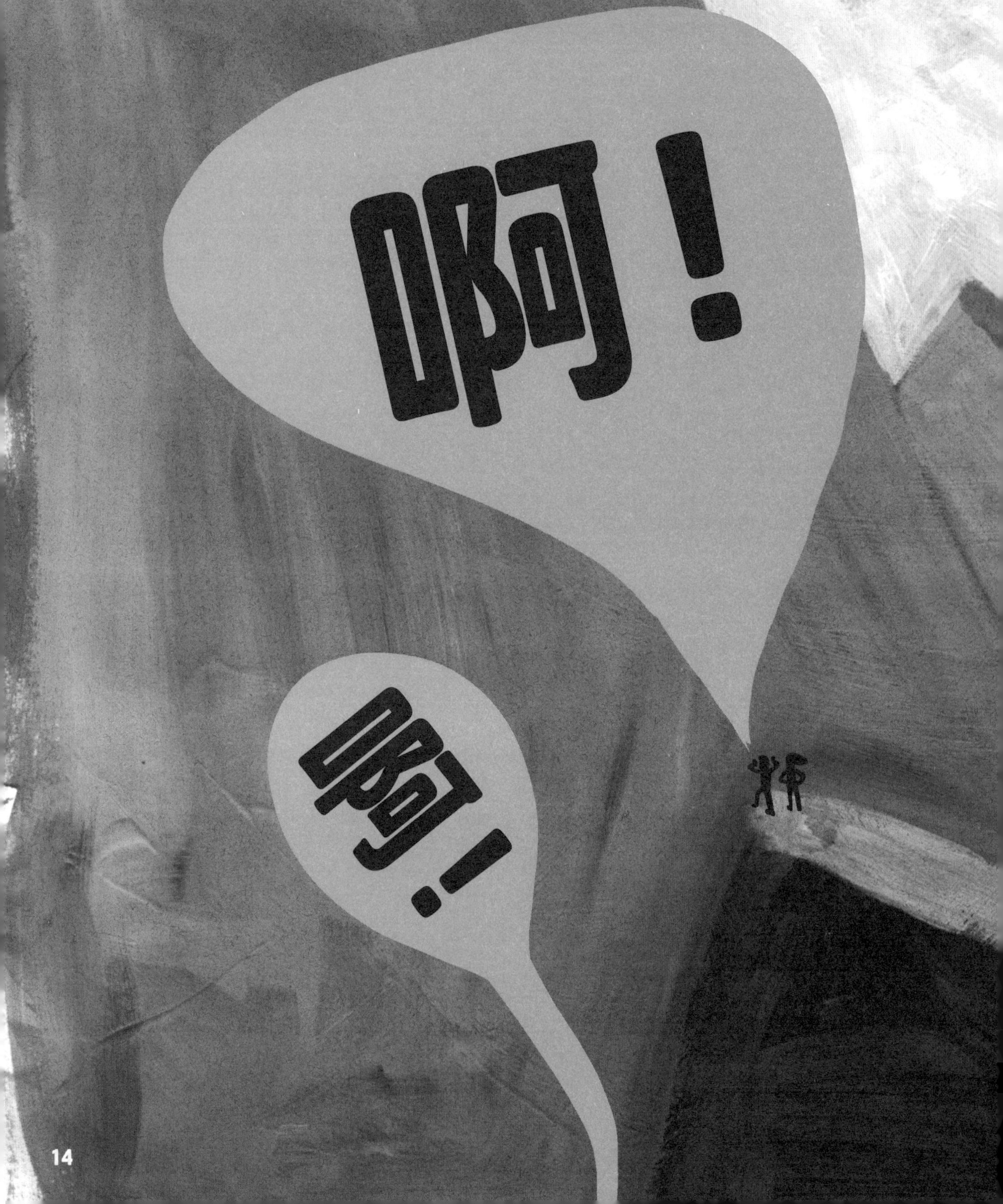

空气可以传递声音，我们的说话声、歌声还有喊声都属于声音。这里有两个与声音有关的实验，你可以在户外跟好朋友做一做：

1. 小声说话，然后分开，各自慢慢地后退，直到你们听不见对方的声音再停下来。竖起耳朵，保证你们能够继续对话（如果有必要的话，可以靠近一点儿）。一旦能够重新听到对方的声音，就再后退一点点。

2. 找一个能产生回声的地方（比如一座山的前方或一条隧道里），然后像打网球一样把你的声音"打"到墙上去。

用天气预报中的术语交流吧!

背风

面对风吹过去的那一侧
(或者说，风要向何处去)。

迎风

面对风吹来的那一侧
(或者说，风从何处来)。

低气压

一般情况下，会出现阴天多云的天气。

高气压

一般情况下，会出现晴朗少云的天气。

喝杯咖啡，聊聊天气

好大的风呀！

这种大风会吹乱头发，还会把雨伞吹得转起来。

我的鼻子快被吹掉了！

冰冷的风会把你的鼻子吹疼。

怎么会这样！

这句话在葡萄牙咖啡馆的聊天中有多重含义：很冷、很热、雨很大、风很大，等等。

终于能凉快一会儿啦！

在没有风的闷热天气里，所有人都想找个凉快的地方待一会儿。

真闷呀！

一点儿风都没有。

天气炎热时，一点点微风就能让人立马觉得舒服起来。

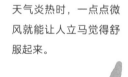

吹点儿小风，真舒服！

风吹过物体的声音

仔细听风吹过物体时发出的声音吧。即使是原本不会发出声音的物体，

在风吹过时，也可能会发出声音。

地球上到底有多少空气?

空气的体积巨大,但不是无限的:

地球上空气的质量约为

5 140 000 000 000 000 000 千克。

来,吸气,呼气。

成年人每分钟呼吸14次左右。

我们每一次张开鼻孔,

就会吸入大约0.5升的空气。

小朋友一分钟内呼吸的次数更多,

但是每次吸入的空气更少。

再来,吸气,呼气。

数一数你每分钟呼吸了多少次……

现在:＿＿＿＿＿＿＿＿＿＿＿＿＿＿＿＿

进行体育锻炼之后:＿＿＿＿＿＿＿＿＿＿

当你看见喜欢的人的时候:＿＿＿＿＿＿＿

当你感觉紧张时,可以试着减少呼吸的次数,同时延长呼气的时间,
体验一下吧!

空气中不只有氧气

当我们说到空气时，首先进入脑海（当然，还有鼻子）的就是氧气。但是，空气中占比最大的气体并不是氧气，而是氮气。

下面是空气中各种气体的占比：

——78%的氮气；

——21%的氧气；

——1%的其他气体（比如二氧化碳和氢气）。

在一小份空气样本中，还可能存在着许多种小颗粒：

花粉

黏土

毛发和其他动物
身上的纤维

孢子

盐

烟尘
（来自汽车和工厂）

微藻

病毒

真菌

细菌

灰烬
（来自火山喷发）

所有这些东西都在我们四周悬浮、飘荡着。

空气属于所有生命

没有任何一个人、机构或国家是大气层的主人。

地球上的空气（大气层）是大家共有的，它属于我们。这个"我们"不只包括人类，还包括地球上所有其他生命。那么，问题来了：

谁来负责保持空气干净、清洁呢？

你觉得呢？

风呀，你在寻找什么？

（为什么会有风呢？）

我们试着"和风细雨"地回答一下这个问题吧。

风是流动的空气，对吧？但是，为什么空气会流动呢？

1.因为有太阳（地球上几乎所有的自然现象都由太阳开始）。
太阳会使地球表面升温，但地球的地貌多种多样：有大片被海洋覆盖的区域，也有大片被陆地覆盖的区域（包括平原、岛屿、山脉、沙漠、森林等）。海洋与陆地、森林与沙漠，都在以不同的方式吸收太阳热量。

4.了解一下这条规律吧（如果你想的话）！
空气总是从高压区流向低压区。这很容易理解，因为在高压区，拥挤的分子想要流动到其他地方。

---

* 气压是空气分子施加到特定区域上的力。当一个地方气压高时，空气分子就向气压低的区域移动。

2.谁吸收的太阳热量多？谁释放的太阳热量多？

海洋比陆地吸收的太阳热量更多，因此，海洋上空的气团会更冷（热量都被海洋吸走了），而陆地上空的气团会更暖（陆地会释放热量）。

这里有两个重要的角色：冷气团和暖气团。它们是风的故事的伟大主角。

3.从现在起，"造风行动"正式开始啦！

当空气变热时，空气中的分子开始摇晃并逐渐分离。

这样造成的结果是：气压*升高，热空气膨胀后上升。

总而言之，风之所以形成
是因为空气想要寻找平衡。

天上也有河流呢！

（其中一条叫作"菠萝快车"）

在大气层中，有一片区域聚集了大量的水蒸气。其中有些地方又长又窄，看起来就像河流一样，因此，科学家将它们称为"大气河流"。

一条大气河流可以长达数千千米。正因为有了它们，热带地区的水分才能被运输到地球的北端。当一条形成于海洋上空的大气河流在风的推动下抵达陆地上空后，你可以猜到会发生什么了吧：会出现大暴雨（或者降雪）。有时，它们还会引发洪水。

有一条非常著名的大气河流，叫作"菠萝快车"*。它形成于热带地区——美国夏威夷群岛，然后穿过北太平洋，最终抵达美国和加拿大的西海岸。当然，它没有带来菠萝，而是带来了很多雨雪。

*夏威夷群岛盛产菠萝，"菠萝快车"的名字由此得来。

让风和书一起玩一下吧。

如果有一天，风比较调皮，你可以观察一下风从一页纸跳到另一页纸的模样。

如果有一天，风特别专注，也许它会在某一页上停留得久一些。

今天，风最想看的是哪一页呢？

让风和书
一起玩耍吧！

你喜欢在纸上画风筝吗？

在这两页上高高地"放"风筝吧！

（放飞想象力，多画几个特别的风筝吧。）

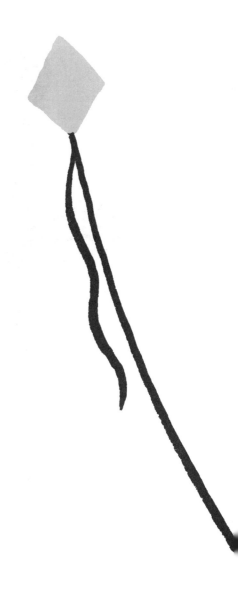

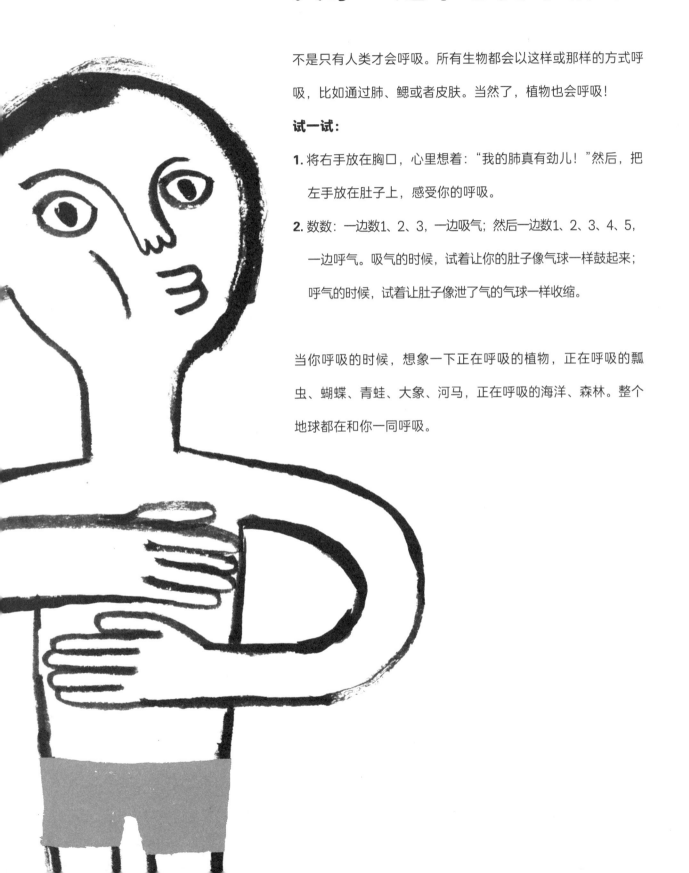

大家一起来感受呼吸吧！

不是只有人类才会呼吸。所有生物都会以这样或那样的方式呼吸，比如通过肺、鳃或者皮肤。当然了，植物也会呼吸！

试一试：

1. 将右手放在胸口，心里想着："我的肺真有劲儿！"然后，把左手放在肚子上，感受你的呼吸。

2. 数数：一边数1、2、3，一边吸气；然后一边数1、2、3、4、5，一边呼气。吸气的时候，试着让你的肚子像气球一样鼓起来；呼气的时候，试着让肚子像泄了气的气球一样收缩。

当你呼吸的时候，想象一下正在呼吸的植物，正在呼吸的瓢虫、蝴蝶、青蛙、大象、河马，正在呼吸的海洋、森林。整个地球都在和你一同呼吸。

乘风而上!

（很多鸟儿都可以乘风飞翔！）

你喜欢风吗?

(就像有些植物一样)

有些植物需要风来传播它们的花粉和种子,因此,它们被称为风媒植物(这些植物就很喜欢风)。

由于有风媒植物,在一年中的某些固定时节,尤其是从早春到仲夏,空气中会有成千上万的花粉和种子。植物把它们远远地散播开来,是因为这对植物物种的延续非常重要。

为什么植物要把种子散播得那么远呢?因为如果种子生长得太靠近,就必须互相争夺阳光、水分和土壤中的养分。相反,如果种子分散在不同的地方,它们存活下来的概率会更大。

此外,植物知道种子在传播的旅途中会遭遇很多不测,因此还会在数量上下功夫:花粉和种子传播得越多,植物继续生存的机会就越大。

(如果你对花粉过敏,那么你看完这段时应该打了10个喷嚏了。)

是的，我喜欢风（太好了）

有些种子和花粉可以在空气中传播几千米远。

例如，一些松树的花粉可以在空中飞行数千米。同样的情况还发生在一些兰花的种子身上，它们可以从大陆坚实的土地上飞到海中的孤岛上。

还有一些不可思议的例子，比如生长在沙漠和大草原上的风滚草，在枯萎变干后会随风滚动。它们看起来像巨大的毛球在玩耍，但其实这趟"旅行"是有目的的：风滚草正是因为不停地随风"翻跟头"，才得以不断地撒落种子。而如果没有风，它们的种子就不会掉出来。

如果有一天你去有沙丘的海滩或有小山丘的花园，在确保安全的情况下，试着像风滚草那样翻跟头吧！

把身体蜷成一团，然后开始翻滚吧！

一颗 "蝴蝶种子"

有些种子长了翅膀，它们是翅果，更容易被风带走。你一定见过翅果，比如一些松树的种子，它们的小翅膀很特别。今天我们想向你介绍的这种种子也很特别："蝴蝶种子"！

翅葫芦（*Alsomitra macrocarpa*）和南瓜、黄瓜一样，是葫芦科植物。它的种子又大又重，但这不妨碍它拥有一双轻盈的翅膀。当翅葫芦的种子用透明的薄膜翅膀在空中飞行时，它看起来就像一只蝴蝶（或一只蝙蝠）；但当它落到肥沃的土壤中后，会结出又大又圆的果实。

多么奇妙啊！从沉甸甸到轻飘飘，再从轻飘飘到沉甸甸。

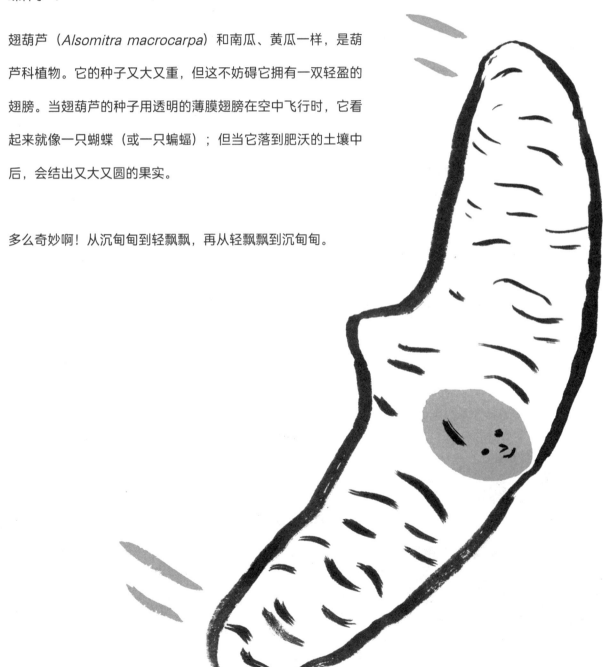

"我不会离开这里，
谁也不能把我带走。"

像黄瓜这类攀缘植物，会长出一种又长又灵活的"手臂"。无论它遇到什么物体，都能用"手臂"将自己固定在那个物体上面。这种"手臂"就是卷须。卷须非常强壮，即使遭遇大风也不会被折断。它可以帮助植物抵御风雨，让植物继续生长。

加油，卷须！

看到了吗？

带走一切的风

带 走 一 切 的 风

带 走 一 切 的

带 走 一

带 走 一

带 走

带

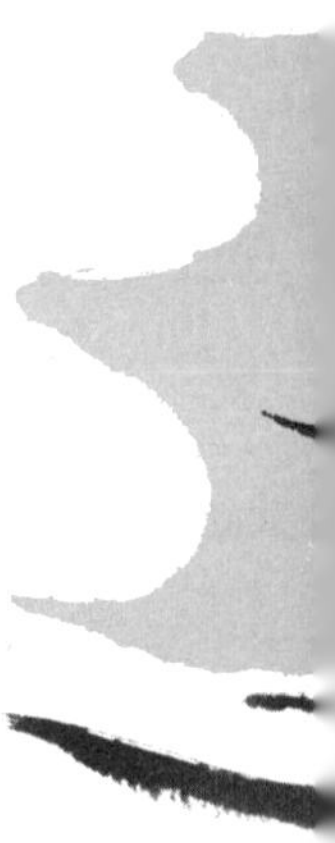

有好的风，
也有不好的风

有些风十分难缠，因为它们的风力非常强劲，可能会造成很大的破坏，一些导致人们生活不便的天气状况也与它们相关：比如密史脱拉风，它是从阿尔卑斯山往南吹的干冷强风；还有西洛可风，它是从撒哈拉沙漠吹往北非沿岸的干热强风。

与之相反，还有一些十分宜人的风：比如在意大利，有泽费罗斯风（也叫西风、微风，名字来源于希腊神话中的西风之神泽费罗斯），它非常柔和；在希腊，有奥拉风（名字来源于希腊神话中的微风女神奥拉），它是在黎明时分吹来的凉爽微风。

在加拿大，有一种风叫钦诺克风。它非常神奇，在动物和植物都被冻得瑟瑟发抖的冬季，钦诺克风能在很短的时间内使气温升高、冰雪融化，给动植物以喘息之机。

风的名字

风的名字往往来源于风吹来的方向，如东风、西风；或者是风的特点，比如季风，这种风会随着季节改变风向；还有些风的名字来源于风带给人的感觉、带来的结果，甚至是它们唤起的记忆。在葡萄牙，风就有很多有趣的名字。

奶牛杀手

诺尔塔达
吹越整个葡萄牙海岸的风，在夏季特别常见。

苏昂
干燥的热风，从南方或东南方吹来。

黎凡特
从直布罗陀海峡吹来的干热风，经常在阿尔加维大区的夏天出现。

落叶松
在卡斯卡伊斯海湾常见的柔和微风。

贝伦盖罗
从贝尔兰加斯群岛吹向奥比都斯的风。

加罗阿
来自西南方向的凉爽微风，名字来源于塞图巴尔的渔民。

阿尔坎塔雷
从西班牙阿尔坎塔拉吹来的风，常见于葡萄牙内陆地区（在塔霍河和杜罗河之间）。

皴裂
在葡萄牙后山地区常见的春风。（是不是因为这种风会造成嘴唇皴裂，所以才这么叫它？）

卡马谢罗
来自马德拉岛卡马查地区的风，常见于丰沙尔。

法纳达山羊
自东北部吹向卡米尼亚的风。

歌者
来自蒙科尔沃南部的风。（这么称呼它，也许是因为这种风会唱歌？）

埃武拉酒庄之风
从埃武拉西南部吹来的风，常见于蓬蒂-迪索尔地区。

挪威
贝拉阿尔塔地区的强劲寒风，又叫作"理发师"，它的风力大到可以像剪刀一样对植物进行"修剪"。

奶牛杀手
来自东北部的风。

卡马谢罗

法纳达山羊

皱裂

挪威

诺尔塔达

歌者

阿尔坎塔雷

贝伦盖罗

埃武拉酒庄之风

落叶松

加罗阿

苏昂

黎凡特

给风起个名字吧!

请在这里记录下你在不同地方感受到的风。想一想，它们有什么特点？是冷的还是暖的？轻柔还是强劲？它们来自哪里？让你想起了什么？然后，给风起个合适的名字吧。

当你再回到那个地方时，如果又起了风，注意那时的风是否给你同样的感受。用你起的名字呼唤它吧。

名字: _____

地点: _____

特征: _____

_____

_____

名字: _____

地点: _____

特征: _____

_____

_____

名字: _____

地点: _____

特征: _____

_____

_____

风神和装着
狂风的口袋

你听说过《奥德赛》吗？它是一部史诗，讲述了奥德修斯的冒险故事。

在故事中，奥德修斯和他的同伴遇到了风神。风神是风的守护者，他将世界上所有的狂风都装在一个牛皮口袋里，这样就可以控制风暴。风神将这个口袋交给奥德修斯和他的同伴，并提醒他：**任何情况下都不要打开口袋！**（否则真的会见证不可思议的事情……）

风的格言

*表示非常重视某人，愿为其付出。

小心走漏了风声.

风变, 时变.

你真是像风一样容易分心啊!

他善于观察风从何处吹来. *

风和好运都不长久.

* 指善于根据情况变化调整策略.

43

风改变了什么？

请你画出以下物体被风吹过之后的样子。

雨伞

↓

一面旗子

↓

↓

烟囱冒出的烟雾

靠近礁石的海面

一棵长得非常高的棕榈树

看，风特别喜欢头发！

有一首巴西歌曲这样唱道：

"你用哪一把梳子将头发仔细梳好？"

我们想问："哪一阵风吹乱了你的头发？"

找一个刮风的日子，让风为你梳头发，给你做发型吧！

人们往空中"扔"过的东西
（有些东西还会飞）

它们会飞多高呢？ *

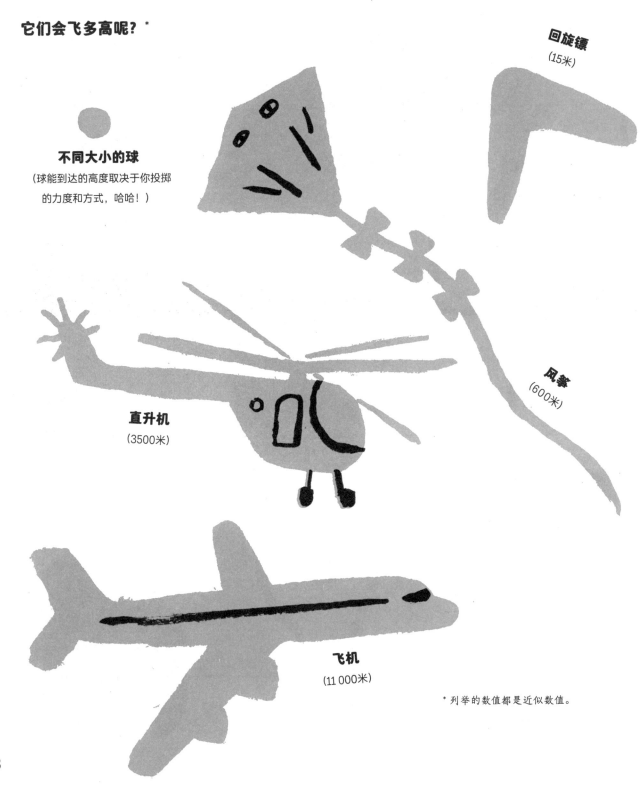

回旋镖
（15米）

不同大小的球
（球能到达的高度取决于你投掷
的力度和方式，哈哈！）

风筝
（600米）

直升机
（3500米）

飞机
（11 000米）

* 列举的数值都是近似数值。

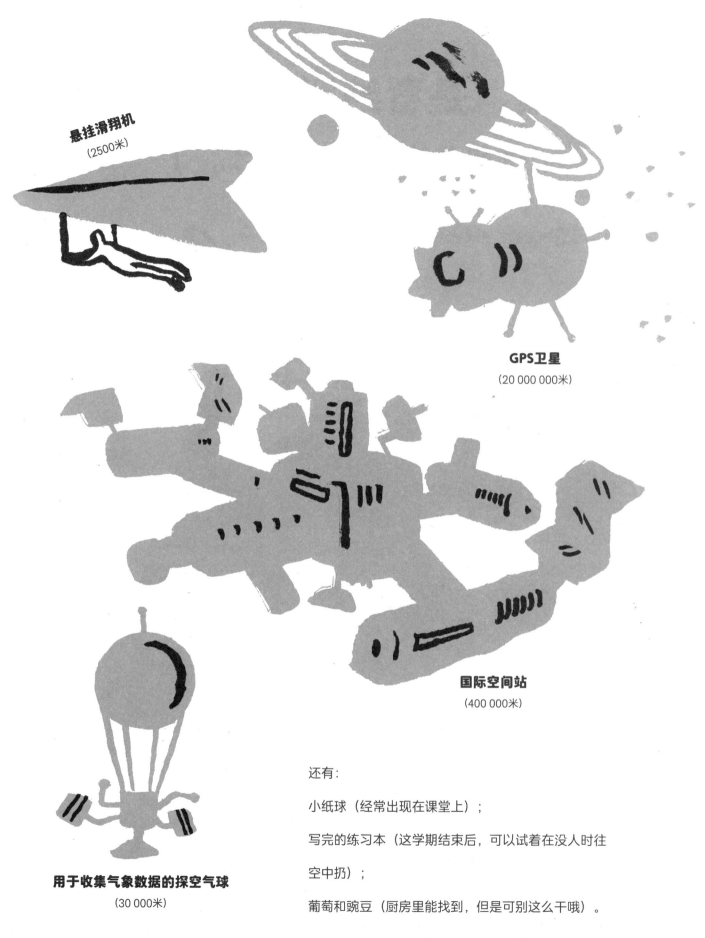

悬挂滑翔机
（2500米）

GPS卫星
（20 000 000米）

国际空间站
（400 000米）

用于收集气象数据的探空气球
（30 000米）

还有：

小纸球（经常出现在课堂上）；

写完的练习本（这学期结束后，可以试着在没人时往空中扔）；

葡萄和豌豆（厨房里能找到，但是可别这么干哦）。

"喂，是冒纳罗亚火山吗？
（这里是葡萄牙里斯本。）"

冒纳罗亚火山是夏威夷群岛上著名的活火山，那里有一个测量大气二氧化碳浓度的观测站，科学家查尔斯·基林在那里有过重要发现。那是20世纪50年代，人们对"二氧化碳"这个词不像现在这么熟悉。我们今天之所以能够充分了解这种气体，跟查尔斯·基林以及冒纳罗亚观测站密不可分。

冒纳罗亚火山位于太平洋中部，它拥有测量大气中各种气体浓度的绝佳条件。基林在这里收集数据并得出结论：大气二氧化碳浓度正在以惊人的速度增长（并且还将继续增长）。

我们知道，二氧化碳浓度的增加和人类活动，比如化石燃料（汽油、柴油等）的燃烧息息相关。

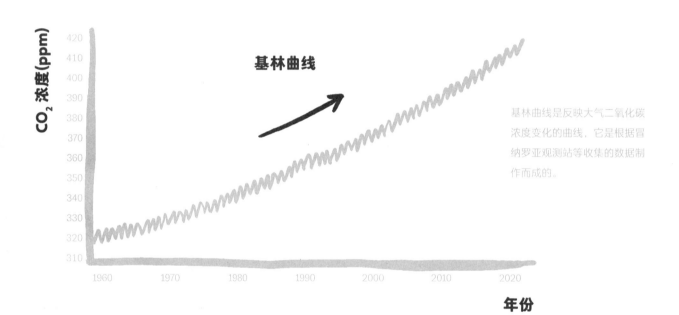

基林曲线

基林曲线是反映大气二氧化碳浓度变化的曲线，它是根据冒纳罗亚观测站等收集的数据制作而成的。

在第一次工业革命（始于18世纪中后期）以前的几万年里，大气二氧化碳浓度一直为185ppm~280ppm*。随后，工业时代开启，工厂和以燃煤为动力的机车数量迅速增长，然后汽车逐渐普及……大气二氧化碳浓度开始急剧上升。

1958年，查尔斯·基林开始测量大气二氧化碳浓度，当时的数值已经达到313ppm。2021年，这一数值上升到417ppm！我们必须阻止基林曲线继续上升！

当然，如果基林曲线能像过山车一样下降，基林本人（已于2005年去世）一定会深感欣慰的。

*百万分率，1ppm表示百万分之一。

看完这一页后，
我们要好好呼吸一下
新鲜空气哦！

亲爱的大气层

亲爱的大气层：

你非常低调，但我们知道，多亏了你，我们才能生活在地球上。这里温度适宜，非常适合生存。

感谢你，没有让来自太阳的那部分热量流失到太空中。

感谢你，像一顶神奇的帽子，帮我们抵挡了大部分的紫外线辐射。（如果没有你，我们的皮肤早就被紫外线灼伤了。）

还想感谢你，慷慨地让水在你的体内穿梭，在你

的身上形成云朵。如果没有云，一切

都会大不相同。

亲爱的大气层，你是我们这颗美丽星球上的一个奇迹，

拥有你是我们的荣幸。

光说感谢还远远不够。

附上亲吻和许多的爱。

地球人

几年前，只有少数人关注你，但是现在，很多人都非常关心你。我们需要尽快采取行动保护你，我们会努力的！

这是什么气?

"请给我一张去无声区的门票，谢谢！"

如果你无法忍受兄弟姐妹整天吵吵嚷嚷，可以跟他们说"想要一张去无声区的门票"。无声区在距离地面大约120千米的高空中，那里的空气密度很小，没有足够的分子来传播声波，因此是绝对安静的地方。

喜欢风的鸟儿

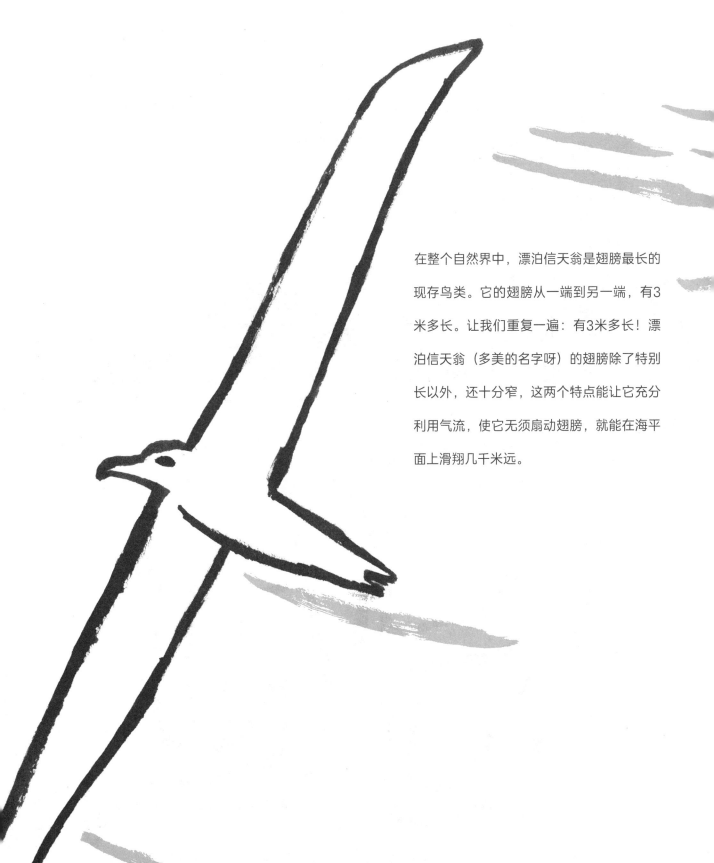

在整个自然界中，漂泊信天翁是翅膀最长的现存鸟类。它的翅膀从一端到另一端，有3米多长。让我们重复一遍：有3米多长！漂泊信天翁（多美的名字呀）的翅膀除了特别长以外，还十分窄，这两个特点能让它充分利用气流，使它无须扇动翅膀，就能在海平面上滑翔几千米远。

鹳和鹰也特别喜欢风。它们没有漂泊信天翁那么大，但是它们的翅膀又长又宽，可以充分利用上升的热气流（从下往上流动的气流）。在热气流的帮助下，它们几乎不用拍打翅膀就能乘风而起，而且一旦飞到空中，就能轻松地滑翔。

我们在小区、农场还有公园里经常能听见一些小鸟在唱歌，它们大多身形娇小，大风对它们来说可不是什么好事。在刮大风的日子里，它们会躲在枝丫间、洞穴或者鸟巢里，因为它们知道，自己的小身板没法对抗暴风雨。

阿姆斯特朗极限

（如果人类可以一直向上飞，最高能飞到哪儿？）

你还好吗？

我很好，怎么了？

如果人类能飞的话，能飞到多高呢？

人类身体所能承受的极限是海平面以上18~20千米，这就是所谓的阿姆斯特朗极限*。这一高度（或者超过这个高度）的大气压非常非常低，以至于我们身体里的水分会立即蒸发，而且我们很快就会失去知觉。如果不能回到正常的气压下，我们很可能会丧命。为避免发生这种情况，飞机在固定高度飞行时，必须加压以维持正常气压，或者我们也可以像航天员一样穿上航天服。

---

* 发现这一现象并为此命名的人是一位美国空军将领，他叫哈里·乔治·阿姆斯特朗，可不要把他与登上月球的尼尔·阿姆斯特朗弄混了哟。

风带来的盛宴

有一种海水运动现象叫作"上升流"，上升流会带来一系列连锁反应。这整个过程悄无声息，但对海洋生态系统非常重要。

让我们看看这一系列连锁反应是怎么发生的吧：

1. 当风吹过海洋时，它会吹走海洋表层的一些海水。

2. 然后，大量富含营养盐的冷水就会从海洋深处被带到表层。

3. 海水中的藻类获得营养盐后，通过光合作用将营养盐转化为有机物。

4. 这些藻类和其他微生物会成为浮游动物（漂浮在水中的微型海洋动物）的食物，而浮游动物会成为小型鱼类的食物。

5. 小型鱼类又会成为大型鱼类、海狮和海豚的食物。

6. 整个过程就像大鱼吃小鱼、小鱼吃虾米一样不断循环。

一些在海面捕猎的海鸟也会享用这些丰盛的美味。这真是由风带来的盛宴呀！

"那我们呢，
谁为我们送来食物呢？"

在所有生物中，喜马拉雅跳蛛*的居住地的海拔是最高的。它们生活在海拔6000多米的冰天雪地之中。人们在很长一段时间内都不知道它们是如何在这么高的地方觅食的，何况它们还是食肉动物！现在，科学家已经揭晓了这个问题的答案：为它们送来食物的正是风。风从平原出发，为它们带来各种口味的昆虫。

* 这种跳蛛的学名是 *Euophrys omnisuperstes*，意为"万物之上"。

速度最快的风（截至目前）

美国华盛顿山天文台于1934年4月12日记录的一阵强风，曾是世界上速度最快的风。当时，风以372千米/时的惊人速度吹过。1996年4月10日，这一纪录被打破，一场叫作"奥利维亚"的飓风吹过澳大利亚，测量空气流速的风速计显示，风速达到了408千米/时。在一级方程式赛车比赛中，车速可达330千米/时，现在你知道这阵风的速度有多快了吧！

空气生物学

空气生物学是一门研究生活在空气中的生物性微粒的学科，这些微粒有的偶尔在空气中出现，有的长期活跃在空气中，包括病毒、细菌、植物细胞、昆虫分泌物等。甚至有人说，就像大海里有浮游生物一样，空气中也有类似的东西：空气浮游生物。

在这里画出最不可思议的空气浮游生物吧！
（你可以充分发挥想象力哦！）

风要把你的帽子吹掉了！

（小心你的帽子呀！）

风：别刮了，歇歇吧！

当然了，我们得告诉你，风也会搞破坏。它会
制造海难，破坏庄稼和城市。因此，在漫长的
历史中，有许多人诅咒风或者试图控制它。
下面就是一些和风作斗争的故事（不知道它们
是否有效，但很有意思）。

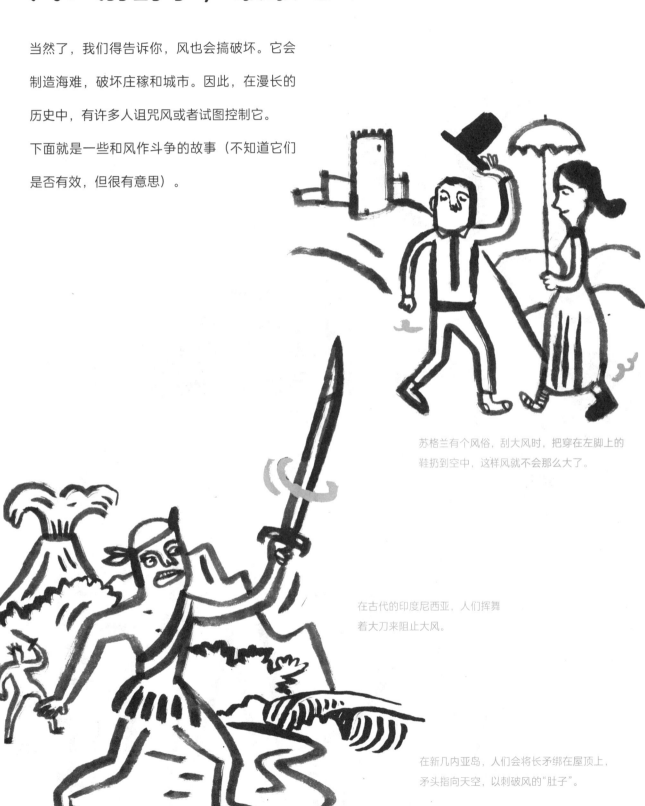

苏格兰有个风俗，刮大风时，把穿在左脚上的
鞋扔到空中，这样风就不会那么大了。

在古代的印度尼西亚，人们挥舞
着大刀来阻止大风。

在新几内亚岛，人们会将长矛绑在屋顶上，
矛头指向天空，以刺破风的"肚子"。

在北极圈内的拉普兰地区，传说女巫会
向准备出海远航的水手贩卖"好风"，人
们称她们为"风之女巫"。

在葡萄牙北部地区，传说出
现龙卷风是因为附近有女巫
向空中扔了一把小刀（据说
女巫还会从龙卷风的旋涡中
心走出来）。

无风不起浪
（风最喜欢干这个了）

看看下图，风干了些什么？"无风不起浪"原本指的是没有风就不会起波浪，后来多用以比喻事情发生总有原因。

风？是哪一种风呢？

真风是我们静止不动时感受到的风。

行进风是某个物体移动时产生的风。（我们也算移动的"物体"哦！我们跑得越快，产生的行进风就越大。）

相对风是当我们身处一个移动的物体中时感受到的风。

当你坐在车里时，可以打开车窗，把鼻子稍微往窗外探一点儿。

即使当时没有刮大风，你也能感受到很大的相对风！

这种现象产生的原因是：

真风（车窗外真实存在的风）+ **行进风**（由车辆移动产生的风）= **相对风**

帆船和风

（真是一对令人羡慕的好朋友呀！）

帆船非常喜欢风。（事实上，帆船不能没有风！）

当然了，这种喜欢是相互的。如果说有什么是风也喜欢的，那么一定是和帆船交朋友。

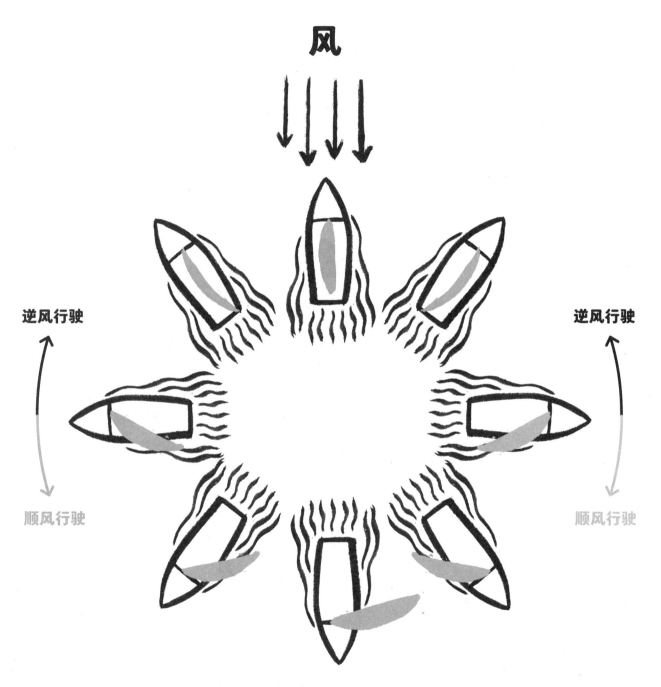

帆船有多个航行方向（可以把这看成是帆船和风游戏的方式），每个航行方向都对

应一种风吹向船帆的角度。风如果直直地吹向船头，帆船就无法前进；除此之外，

不管风从哪个角度吹向船帆，都能推动帆船行进。

小心风大……

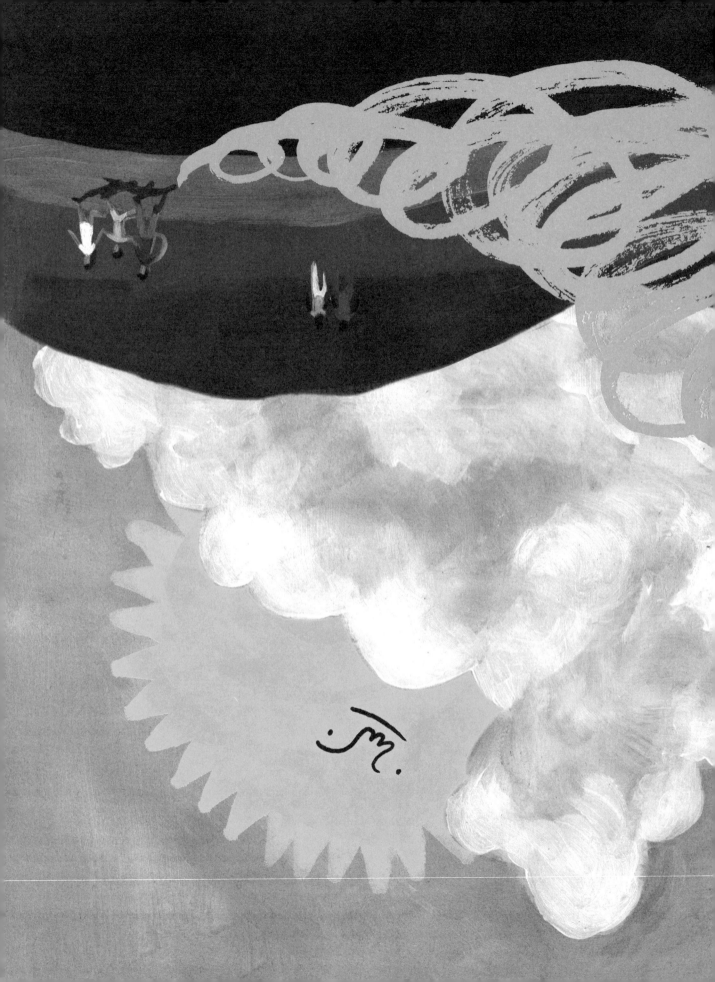

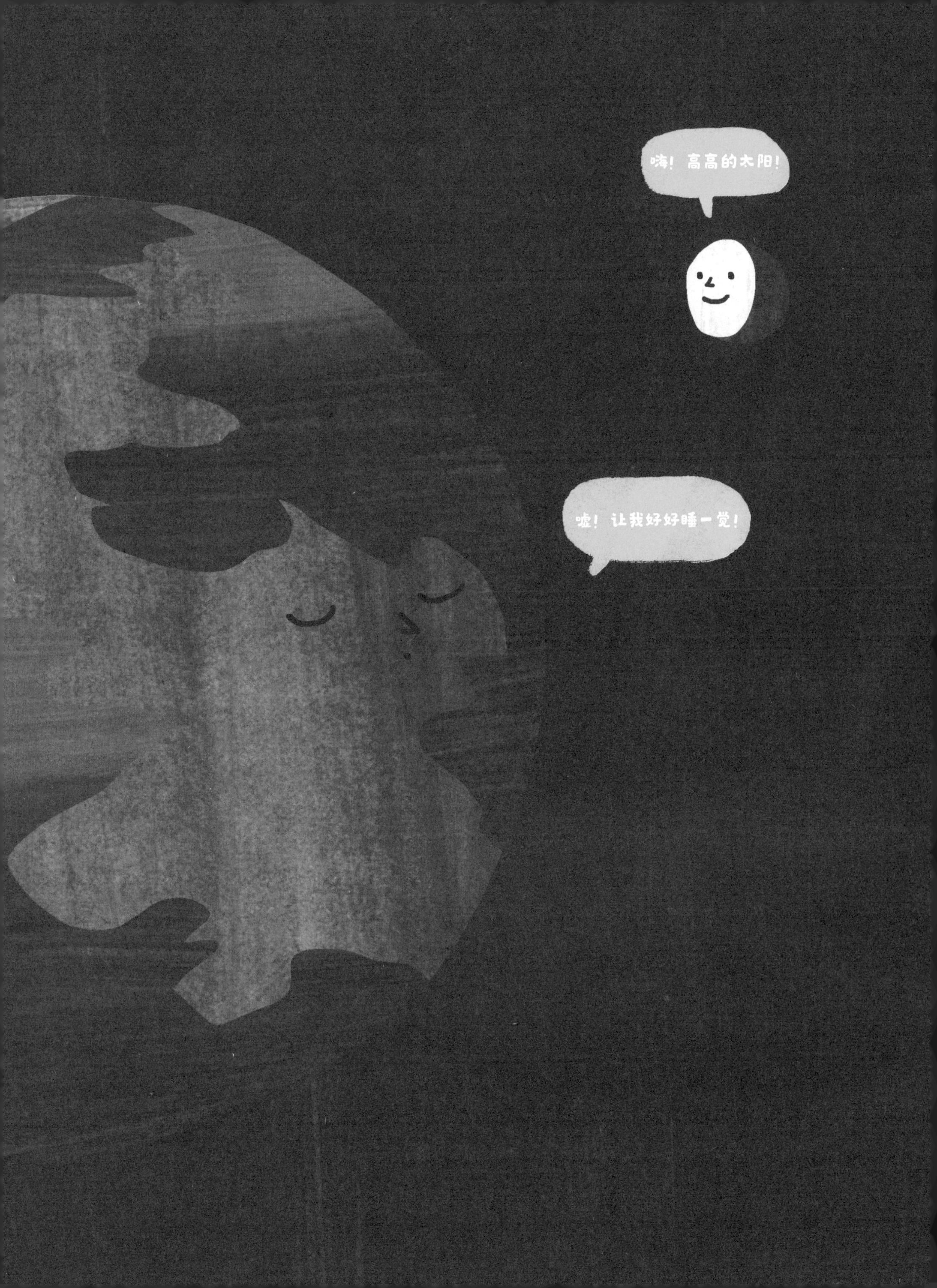
嗨！高高的太阳！
嘘！让我好好睡一觉！